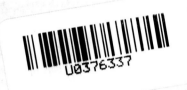

筑境

中国精致建筑100

1 建筑思想

风水与建筑
礼制与建筑
象征与建筑
龙文化与建筑

2 建筑元素

屋顶
门
窗
脊饰
斗栱
台基
中国传统家具
建筑琉璃
江南包袱彩画

3 宫殿建筑

北京故宫
沈阳故宫

4 礼制建筑

北京天坛
泰山岱庙
闾山北镇庙
东山关帝庙
文庙建筑
龙母祖庙
解州关帝庙
广州南海神庙
徽州祠堂

5 宗教建筑

普陀山佛寺
江陵三观
武当山道教宫观
九华山寺庙建筑
天龙山石窟
云冈石窟
青海同仁藏传佛教寺院
承德外八庙
朔州古刹崇福寺
大同华严寺
晋阳佛寺
北岳恒山与悬空寺
晋祠
云南傣族寺院与佛塔
佛塔与塔刹
青海瞿昙寺
千山寺观
藏传佛塔与寺庙建筑装饰
泉州开元寺
广州光孝寺
五台山佛光寺
五台山显通寺

6 古城镇

中国古城
宋城赣州
古城平遥
凤凰古城
古城常熟
古城泉州
越中建筑
蓬莱水城
明代沿海抗倭城堡
赵家堡
周庄
鼓浪屿
浙西南古镇廿八都

筑境

中国精致建筑100

晋祠

王宝库 王鹏 撰文/摄影

中国建筑工业出版社

出版说明

中国是一个地大物博、历史悠久的文明古国。自历史的脚步迈入新世纪大门以来，她越来越成为世人瞩目的焦点，正不断向世人绽放她历史上曾具有的魅力和光辉异彩。当代中国的经济腾飞、古代中国的文化瑰宝，都已成了世人热衷研究和深入了解的课题。

作为国家级科技出版单位——中国建筑工业出版社60年来始终以弘扬和传承中华民族优秀的建筑文化，推动和传播中国建筑技术进步与发展，向世界介绍和展示中国从古至今的建设成就为己任，并用行动践行着“弘扬中华文化，增强中华文化国际影响力”的使命。从20世纪80年代开始，中国建筑工业出版社就非常重视与海内外同仁进行建筑文化交流与合作，并策划、组织编撰、出版了一系列反映我中华传统建筑风貌的学术画册和学术著作，并在海内外产生了重大影响。

“中国精致建筑100”是中国建筑工业出版社与台湾锦绣出版事业股份有限公司策划，由中国建筑工业出版社组织国内百余位专家学者和摄影专家不惮繁杂，对遍布全国有历史意义的、有代表性的传统建筑进行认真考察和潜心研究，并按建筑思想、建筑元素、宫殿建筑、礼制建筑、宗教建筑、古城镇、古村落、民居建筑、陵墓建筑、园林建筑、书院与会馆等建筑专题与类别，历经数年系统科学地梳理、编撰而成。本套图书按专题分册，就其历史背景、建筑风格、建筑特征、建筑文化，结合精美图照和线图撰写。全套100册、文约200万字、图照6000余幅。

这套图书内容精练、文字通俗、图文并茂、设计考究，是适合海内外读者轻松阅读、便于携带的专业与文化并蓄的普及性读物。目的是让更多的热爱中华文化的人，更全面地欣赏和认识中国传统建筑特有的丰姿、独特的设计手法、精湛的建造技艺，及其绝妙的细部处理，并为世界建筑界记录下可资回味的建筑文化遗产，为海内外读者打开一扇建筑知识和艺术的大门。

这套图书将以中、英文两种文版推出，可供广大中外古建筑之研究者、爱好者、旅游者阅读和珍藏。

目录

晋祠

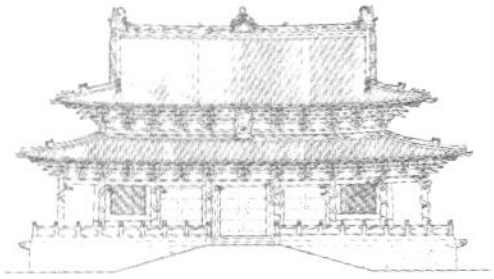

晋祠在山西省省会太原市西南25公里的悬瓮山麓，处晋水源头，系全国重点文物保护单位。始建年代无考，北魏郦道元所著《水经注》一书已有记载，说明晋祠之建至少不会晚于北魏。今存主体建筑圣母殿重建于宋徽宗崇宁元年（1102年），是北宋建筑的典型代表作品；殿前的鱼沼飞梁是国内现存唯一的十字形桥梁；矗立在贞观宝翰亭内由唐太宗李世民御制并撰书的《晋祠之铭并序》碑是国内现存最早的行书碑；祠内的难老泉、周柏、宋塑圣母殿侍女像号称“晋祠三绝”，名闻遐迩。晋祠在宋代大规模重建之后，经元、明、清历代多次修葺和扩建，形成现状，是中国现存最负盛名的古建园林明珠。

一、晋祠名号的历史变迁

晋祠即晋侯之祠，原是祭祀西周初期唐国开国诸侯姬虞（即唐叔虞）的祠堂。《晋祠志序》说："三晋之胜，以晋阳为最。而晋阳之胜，全在晋祠。祠者何？庙也。祠而曰晋者何？以祠在晋水之源也。晋祠者何？唐叔虞祠也。唐叔虞者何？周武王之子，成王之母弟也。叔虞而曰唐者何？成王灭唐乃翦桐叶以封于唐也。既为唐侯，都于晋阳，后人感其德泽，立庙于晋水之源以祀之，故曰晋祠。"这座本来以叔虞祠为主的庙宇后来由于地震毁圮遂迁址另建，而矗立在叔虞祠原址上的圣母殿则因"祈祷有应"，故演变为现存以圣母殿为主、叔虞祠偏居一隅的状况。

我们现在虽然无法肯定晋祠始创的确凿年代，但北魏著名地理学家郦道元在他的《水经注》一书中已赫然载有对晋祠的描述："悬瓮之山，晋水出焉，昔智伯遏晋水以灌晋阳。其川上溯，后人踵其迹，蓄以为沼。沼西际山

图1–1 晋祠大门
在晋祠中部中轴线东端，是晋祠的正门。正门建于台基之上，由三个券门组成。朱红色墙体，前置石狮一对，外观端庄古朴。

图1-2 晋祠内全景/上图

晋祠占地4万多平方米，祠内古木荫翳，自宋迄清，历代所建殿、堂、楼、阁、亭、台、桥、榭百余座，是一处有重要历史、艺术、科学价值的古建园林，享誉海内外。

图1-3 晋祠园林小景/下图

晋祠园林融古代建筑和自然风光于一体，水旁置榭，渠上架桥，楼台耸峙，亭阁点缀，布局疏密有致，既具寺观院落之特色，亦富皇室宫苑之韵味，恢宏壮阔，独具匠心。

图1–4 晋祠泉水

晋祠之胜，全赖晋水。晋水之源，有难老、善利、鱼沼三泉。泉水晶莹透亮，碧波如玉，唐代诗人李白有“晋祠流水如碧玉”、“微波龙鳞莎草绿”诗句赞之。

图1–5 流碧榭
流碧榭在祠内中部中轴线南侧，傍难老泉水而建。面阔三间，进深一间，单檐卷棚歇山顶，以柱支撑，不施墙体，玲珑典雅，轻巧俏丽，是极富诗情画意的点缀性和小品式建筑。

枕水，有唐叔虞祠。”晋祠在北魏时已是一处殿堂巍峨、溪流成沼、水上架桥、绿树成荫、游人济济、名冠三晋的胜境，且以“唐叔虞祠”为名。北齐初年《魏书·地形志》记载：“晋阳西南有悬瓮山，晋水所出，东入汾，有晋王祠”，可知曾易名“晋王祠”。北齐文宣帝高洋登基后于天保年间（550—559年）在这里“大起楼观，穿筑池塘”。后主高纬于天统五年（569年）下诏“改晋祠为‘大崇皇寺’”。隋末太原留守李渊起兵反隋，曾祈祷于此，据晋阳而得天下，定国号为唐，表达了对其发祥地“唐”——即太原——的尊崇与眷恋。唐太宗李世民于贞观二十年（646年）幸晋祠，御制、撰、书《晋祠之铭并序》碑，复称名“晋祠”。唐玄宗开元二十三年（735年）大诗人李白游晋祠，有“晋祠流水如碧

图1-6 周柏

周柏因相传为西周时所植而得名，亦称“齐年柏”，在圣母殿北侧。树高21.9米，向南倾斜约45°，若青龙偃卧。其南侧有撑天柏支撑。二柏交枝接叶，相互扶持，情景感人。

图1-7 圣母殿前廊及“桐封遗泽”匾

“桐封遗泽”匾在圣母殿前檐廊内南端。匾额的题字讲述了西周初年周成王对其弟剪桐叶封弟的故事。可参见《古文观止》柳宗元的“桐叶封弟辨”。

玉”诗句咏唱祠宇风物景观，晋祠之名益著。唐《元和郡县图志》记载：“晋祠一名‘王祠’，周唐叔虞祠也。在（晋阳）西南二十里。”五代后晋高祖天福六年(941年)敕封叔虞为“兴安王”，晋祠又有“兴安王庙”之称谓。宋太宗克晋阳、灭北汉后一度在晋祠大兴土木，复称名“晋祠”，汾州人赵昌言曾奉敕撰《新修晋祠碑铭并序》。后来因为地震导致晋祠大多建筑被毁，宋仁宗天圣年间（1023—1032年）予以复建，并新建了奉祀邑姜的圣母殿，祠内布局自此一改旧貌，坐北向南的叔虞祠偏居一隅，坐西向东的圣母殿喧宾夺主，成为祠内主体建筑，规模之大，冠于全祠。神宗熙宁十年（1077年）加号“显灵昭济圣母”，

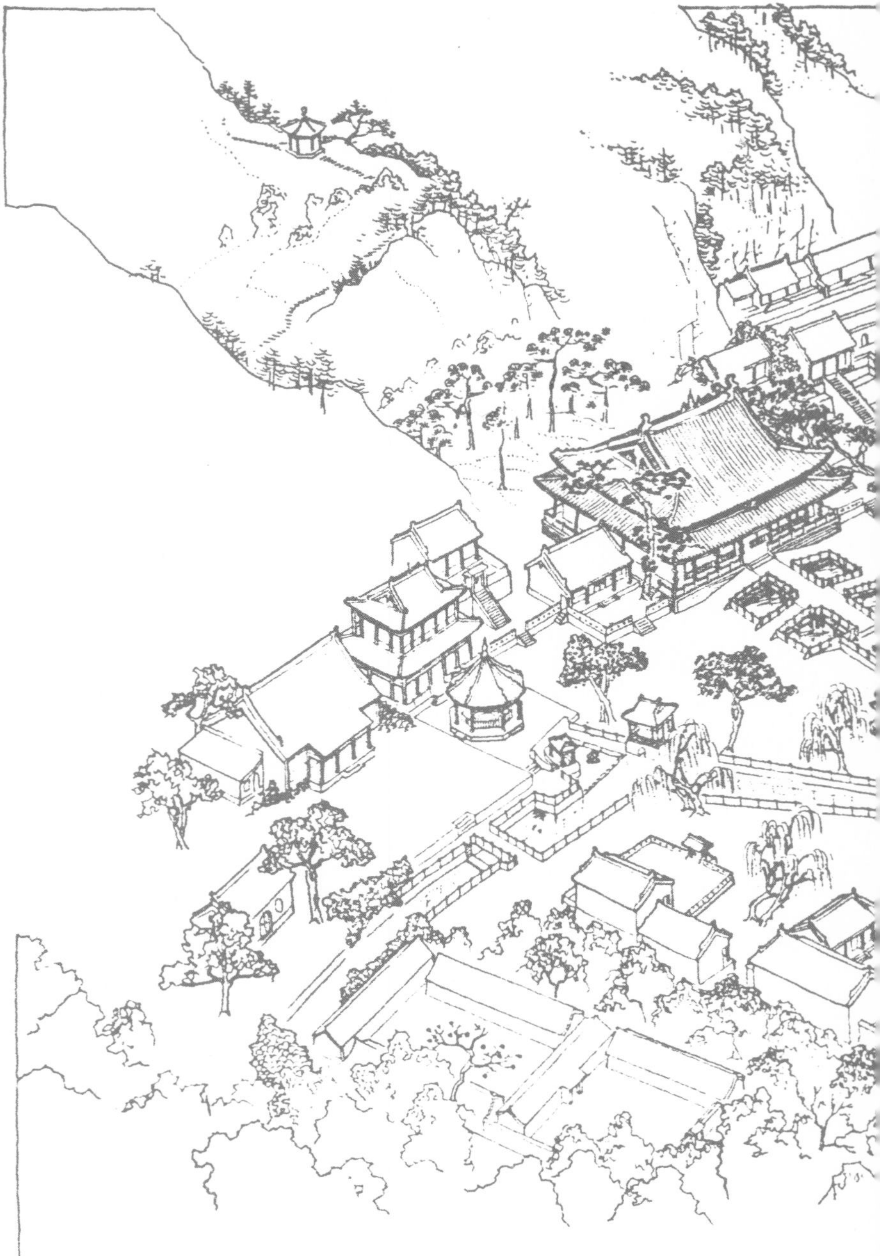

图1-8 晋祠鸟瞰图

晋祠

庙额“惠远”。徽宗崇宁元年（1102年）重修圣母殿，三年（1104年）六月追封叔虞为“汾东王”，宣和五年（1123年）姜仲谦撰《晋祠谢雨文》碣铭有“显灵昭济圣母汾东王之祠”字样，按文意彼时邑姜与汾东王叔虞母子二人似同祀一祠。有宋一代，名振当代誉传后世的著名人物如司马光、欧阳修、范仲淹、韩琦、吕惠卿等俱曾慕名游览晋祠，吟诗著文，扩大了晋祠的影响。蒙古乃马真后元年（1242年）大学者元好问所撰《惠远祠新建外门记》碑文则称晋祠为“惠远祠”，元世祖至元四年（1267年）弋彀所撰《重修汾东王庙记》碑文又称之为“汾东王庙”，并且有“宋天圣后改封‘汾东王’，又复建女郎祠于水源之西，东向。熙宁中始加昭济圣母号”之记载，按文意女郎祠即今之圣母殿。元代以前，唐叔虞祠已移建于圣母殿东北侧今址。明太祖洪武二年（1369年）御制《加封广惠显灵昭济圣母诰文》称晋祠为“广惠祠”。英宗天顺五年（1461年）山西巡抚茂彪在对晋祠进行修葺后撰《重修晋祠庙碑记》铭，复称名“晋祠”，以迄于今而未有变易。历代帝王虽然对晋祠及其奉祀的人物封赠甚多且祠号屡变，但古往今来仍多称“晋祠”。

二、三晋名胜 以此为冠

图2-1 水镜台
水镜台在祠内中部中轴线南，系进入正门后的第一座建筑，建于高逾1米、周设勾栏的石砌平台之上，屋顶为重檐歇山顶，背面有单檐卷棚抱厦，乃三面敞露之戏台。

晋祠占地4万多平方米，祠内林木荫翳，业经千余年的补葺、建设，已由最初祭祀西周唐国开国诸侯叔虞的祠堂而发展成为包括各类寺庙在内的奉祀诸多人、神、佛、道的庙宇群落，有宋、金、元、明、清历代兴建的各种殿、堂、楼、阁、亭、台、桥、榭百余座，是一处文化内涵极为丰富并且有着重要历史、艺术、科学价值的古建园林，在海内外久负盛名。祠内的古建筑群由中、北、南三部分组成。中部建筑以圣母殿为中心，形成一条东西向之中轴线。自祠东大门入内，中轴线上自前至后依次布列水镜台、会仙桥、金人台、对越坊、钟鼓二楼、献殿、鱼沼飞梁、圣母殿，系祠内建筑的主体部分。这组建筑布局严谨，造

图2-2 对越坊

对越坊在祠内中轴线中部，三门四柱三楼单檐庑殿顶，檐下斗栱繁复，琉璃飞甍，形制俏丽。坊名出自《诗经》“对越在天”一语，意为报答和显扬周文王的高功懿德。

图2-3 钟楼

钟楼在祠内中轴线中部对越坊北侧，建于高近2米的石砌平台之上，重檐歇山顶，筒板瓦覆盖，绿琉璃瓦剪边。内悬巨钟，重达9999斤，上铸“敕封广惠显灵昭济圣母庙”字样。

图2-4 文昌宫/上图

文昌宫在祠内北部东端，智伯渠北岸，前跨锁虹桥，西与东岳祠为邻，东依五云亭假山，因奉祀掌管文运、功名和禄位的文昌帝君得名。宫院布局严谨，造型别致，环境清静而幽雅。

图2-5 关帝庙/下图

关帝庙为昊天神祠的组成部分，在祠内北中部，建于高台之上，因供奉三国蜀汉大将关羽得名，与玉皇阁、三清洞等组成了一处大型道观，一进两院，规模宏大，气势雄伟。

图2-6 钧天乐台

钧天乐台在祠内北中部关帝庙前，建于清乾隆年间。乐台下部为石砌平台，背部为单檐歇山顶，前部为抱厦，三面敞露。旧时晋祠庙会，此处与水镜台同唱对台戏，十分热闹。

图2-7 胜瀛楼

胜瀛楼在祠内南中部，当系水母楼之享楼，坐西朝东，面阔三间，上下两层，周施围廊。楼名出于明永乐年间山西巡抚于谦诗：“悬瓮山前景趣幽，邑人云是小瀛洲。”

型别致，以风格独特、艺术与历史价值甚高而著称于世。北部建筑东自文昌宫起，有锁虹桥、东岳庙、昊天神祠（关帝庙）、三清洞、钧天乐台、贞观宝翰亭、唐叔虞祠、莲池、善利泉亭、松水亭、苗裔堂、朝阳洞、开原洞、云陶洞、老君洞、待凤轩、三台阁、读书台、吕祖阁、顾亭及静怡园等。这组建筑依地势错综排列，崇楼高阁，参差叠置，以宏丽壮观、幽静飘逸取胜。南部建筑东自胜瀛楼起，有流碧榭、双桥、白鹤亭、同乐亭、傅山书画馆、三圣祠、真趣亭、分水堰、张郎塔、曲桥、洗耳洞、不系舟、难老泉亭、水母楼、台骀庙、公输子祠等。这组建筑既有楼台耸峙、亭桥点缀，又有泉水穿流，风光绮丽，颇具园林特色和诗情画意。南向又有王琼祠、晋溪书院、董寿平美术馆、奉圣寺、留山园等。祠内整体布局疏密有致，严谨得体，既有寺观院落之特色，亦富皇室宫苑之韵致，恢宏壮阔，独具匠心。历数三晋名胜，确乎以此为冠。

三、圣母谁氏女　原来是邑姜

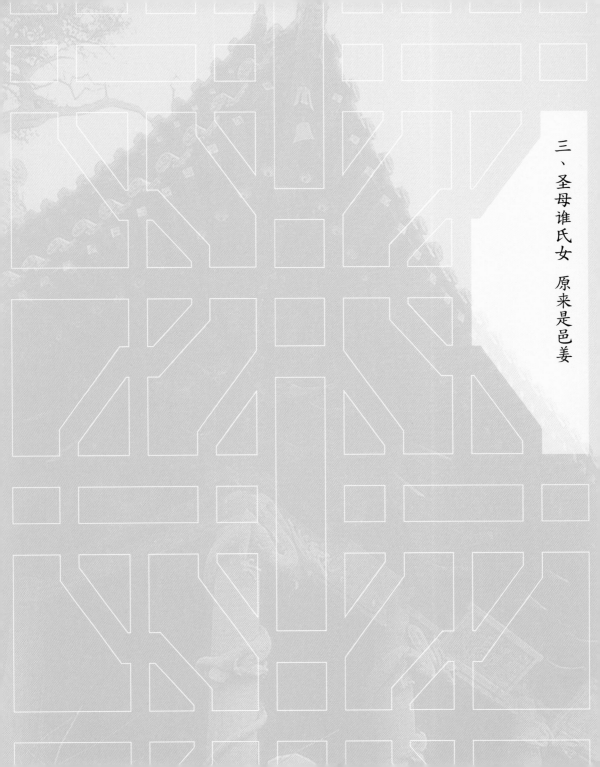

圣母殿在晋祠中轴线西端，背依悬瓮山危峰，前临鱼沼飞梁，坐西向东，巍然中居。《晋祠志》载："圣母殿，宋天圣间建，位兑向震，初名女郎祠，继号晋源神祠，今名圣母殿，元、明以来屡加修葺。阶前即飞梁鱼沼，榱栋宏丽，独冠居中，有堂有陛，槛皆白石，望之杰然。殿内妥广惠显灵昭济沛泽羽化圣母像，神龛左右侍像繁多。案有木质霹雳车二，形如圆月，边皆锋芒，若火焰向上。其下有座，高可二尺许，传言行冰雹所用。门外左右塑站殿将军二，高大各丈余，一形容雄壮，一相貌狰狞，手秉铁钺，怒目视人。前楹蟠螭，螭头皆向外，口中衔珠，珠皆朱色，用彩金丝贯串螭身，金碧相间，负柱萦绕，张牙舞爪，俨含飞动之状，东立沼滨，凭栏俯视，龙影倒映水中，随波涌漾，宛似活龙踊跃，乔庄简公宇所谓殿前皆饰金龙于柱是也。"自宋仁宗天圣年间在唐叔虞祠殿旧址上新建了圣母殿后，晋祠面貌一改旧观，新建大殿取唐叔虞祠殿而代之，成为祠内主体建筑。此后太原地区经历了仁宗景祐四年（1037年）和徽宗建中靖国元年（1101年）两次大地震，祠内建筑损毁严重。徽宗崇宁元年（1102年）晋祠又进行了大规模重修或增扩，今存圣母殿即此次重修之物，殿内脊榑下有"大宋崇宁元年九月十八日奉敕重修"墨书题记，可资证明。

圣母殿系宋建殿堂的典型代表作品，是祠内今存之最古建筑，建于砖构台基之上。台基南北宽约31.1米，东西深约25.5米，前檐台明高约2米，两角向外伸出螭首各一。台明前部

图3-1 圣母殿

圣母殿在祠内中轴线西端，坐西向东，建于砖构台基之上，面阔七间，进深六间，重檐歇山顶，周设围廊，前廊进深达两间，为唐、宋建筑中所独有，是宋代殿堂的代表作品。

图3-2 圣母殿前檐柱木雕龙

圣母殿前檐柱上雕饰木质蟠龙8条，蜿蜒自如，盘屈有力，系宋元祐年间原物。蟠龙柱形制曾见于隋、唐之际石雕塔门和神龛上，在中国古代建筑已知的木构实物中，此属先驱。

图3-3 圣母殿翼角斗栱及前檐柱/对面页

圣母殿四周柱子俱向内倾，角柱明显增高，形成“侧脚、生起”，扩大了屋檐曲线的弧度。阑额、普拍枋之上施斗栱一周，用以承托深远翼出的屋檐。斗栱形制繁复多变，时代特征明显。

及两山前端砌筑勾栏，共二十四段。望柱间安装实心华板，其上浅雕简单纹样。台基四周砌压檐石，地面铺方砖。大殿面阔七间，通面宽26.83米；进深六间，总进深21.2米；平面布局近方形。殿高19.5米，重檐九脊歇山顶，覆灰色筒、板瓦，黄、绿色琉璃瓦剪边，鸱吻卷尾式，侧翼施小龙，脊饰雕花琉璃。殿顶琉璃业经后人更换，今存为明世宗嘉靖年间（1522—1566年）遗物，时代虽晚，但造型及釉色俱佳，是中国琉璃制作鼎盛期作品。殿身三面砌墙，后檐明间高处开圆窗一个；前檐明、次三间各施板门两扇；梢间下砌槛墙，上施直棂窗。殿前门额悬巨匾一块，上书“显灵昭济圣母”六个大字，为宋代遗物。清高宗乾隆年间（1736—1795年）杨廷璇撰书对联一副，挂

图3-4 邑姜像

圣母殿内主像邑姜为周武王妻，唐叔虞母，盘膝端坐于凤头椅中，着蟒袍，戴凤冠，著霞帔，挂珠璎，雍容华贵，凝重端庄，面型圆润丰腴，外表安详而内蓄威严，显得至尊至贵。

图3-5 侍女群像

圣母殿侍女像是宋代宫廷生活及其森严等级制度的真实写照。塑制者赋予每一尊塑像以鲜活的灵魂，使其面对观者而栩栩如生。

于殿门两侧："溉汾西千顷田，三分南七分北，浩浩同流，数十里淆之不浊；出瓮山一片石，冷于夏温于冬，渊渊有本，亿万年与世长清"，字体清秀，对仗工整，引人瞩目。殿身四周围廊，两山及后檐廊深一间，前廊进深两间，廊下宽敞，为唐、宋建筑中所独有。在中国的古代建筑中，殿周围廊之前廊进深达两间者，此乃现存最早的一个实例。前廊八根柱子上每柱雕饰木质蟠龙一条，共计八条，蜿蜒自如，盘屈有力，其中六条系宋哲宗元祐二年（1087年）原物，两条为徽宗崇宁初年补施。蟠龙柱形制曾见于隋、唐之际石雕塔门和神龛

图3–6 侍女像

这尊塑像口眼传神，造型生动，肢体比例适度，文静贤淑，性格鲜明，表情自然，清秀俏丽，具有撼动人心的艺术魅力。

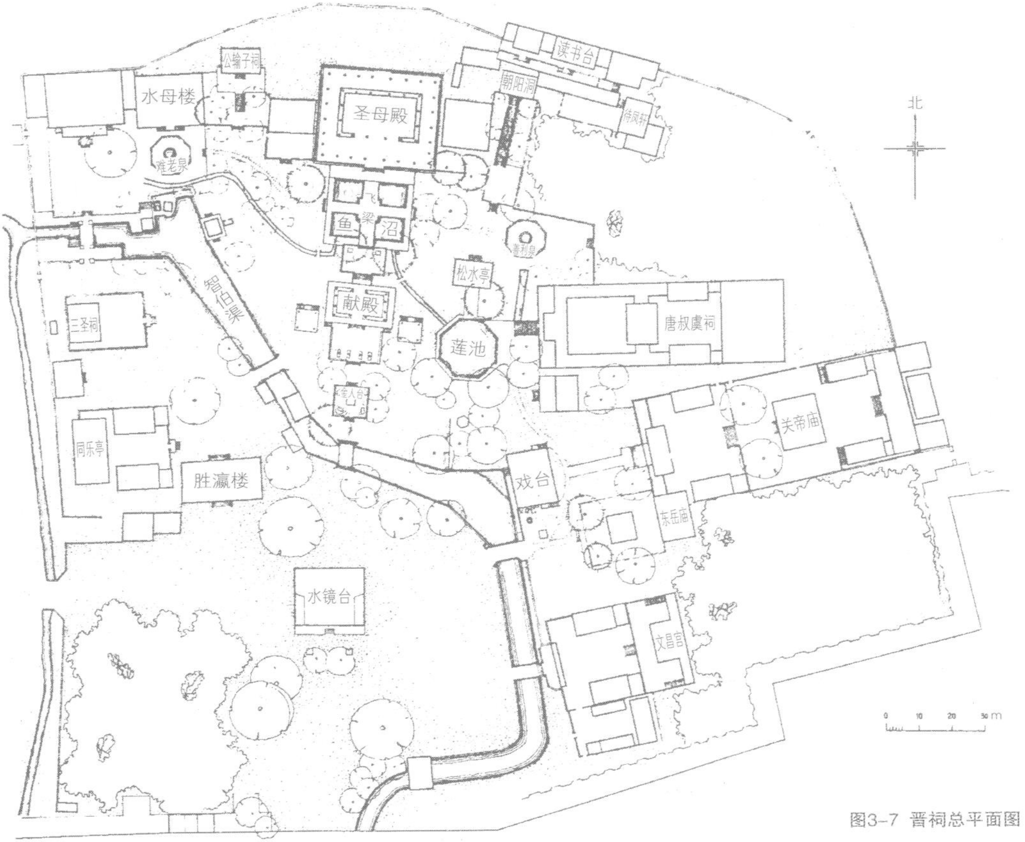
读书台
公输子祠
水母楼
圣母殿
朝阳洞
待凤轩
北
难老泉
鱼
梁
沼
善利泉
松水亭
智伯渠
献殿
三圣祠
唐叔虞祠
莲池
金人台
关帝庙
同乐亭
胜瀛楼
戏台
东岳庙
水镜台
文昌宫
0
10
20
30 m

图3-7 晋祠总平面图

上，在中国古代建筑已知的大型木构实物中，此乃最古老的木雕蟠龙艺术品。

大殿四周的廊柱与檐柱俱向内倾，四隅角柱较平柱增高18厘米，形成“侧脚和生起”，使建筑愈加稳定、坚固。大殿除围廊外本身宽五间，进深三间。所有的柱础均凿为覆盆式，素面无饰，柱头卷杀和缓，柱身收杀甚微。廊柱和檐柱之上均施阑额与普拍枋相互联结。阑额与普拍枋之上施斗栱一周，用以承托深远翼出的屋檐。除柱头与转角处外，各间补间斗栱均为一朵，无疏密之分，等距离排列。斗栱形制柱头与补间相异，上檐与下檐不同。上檐斗栱六铺作，下檐斗栱五铺作。下檐柱头斗栱和上檐补间斗栱的昂嘴长大而平出，与檐柱或廊柱成90°角，显得舒展豪放。上檐柱头或下檐补间斗栱上施真昂，昂嘴下斜，耍头伸长砍为昂形。昂的形制不一，有真昂、假昂、平出昂、下斜昂。斗栱形制繁复多变，使建筑物愈添雄浑俏丽。大殿出檐适中，举势缓和，给人以飘逸飞动的美感。殿内无平棊，为彻上露明造。宋及宋以后中国古代建筑中出现了“减柱造”，圣母殿就是采用这种方法建造的。整座大殿内没有一根明柱，殿顶由山墙内暗柱与廊柱、檐柱承托，使大殿前廊和殿内空间显得十分宽敞。此种减柱法的熟练应用证明宋代木结构的运用已经达到十分纯熟的程度。中国木构建筑经历了一个由隋、唐的雄壮坚实到明、清的华丽轻巧之发展过程，而宋代建筑正是这个过程中的重要环节。故圣母殿在中国建筑史上具有十分重要的地位。

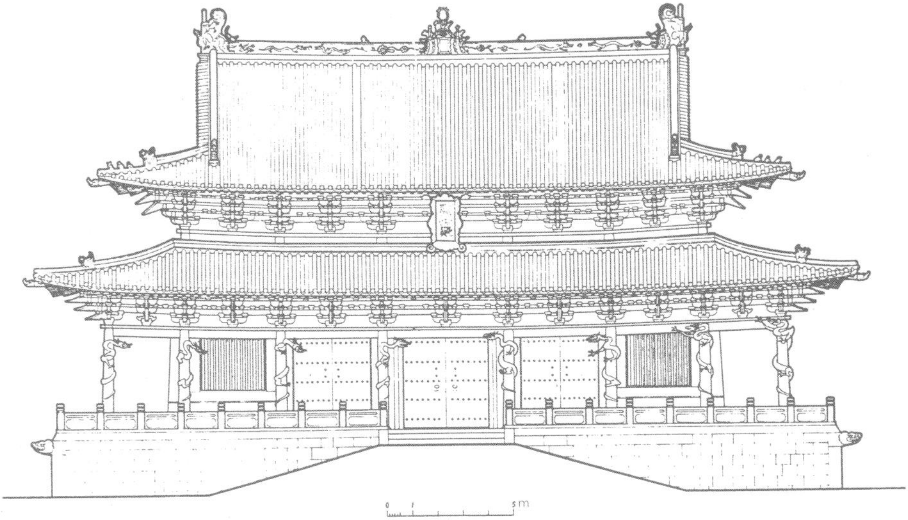

图3-8 圣母殿立面图

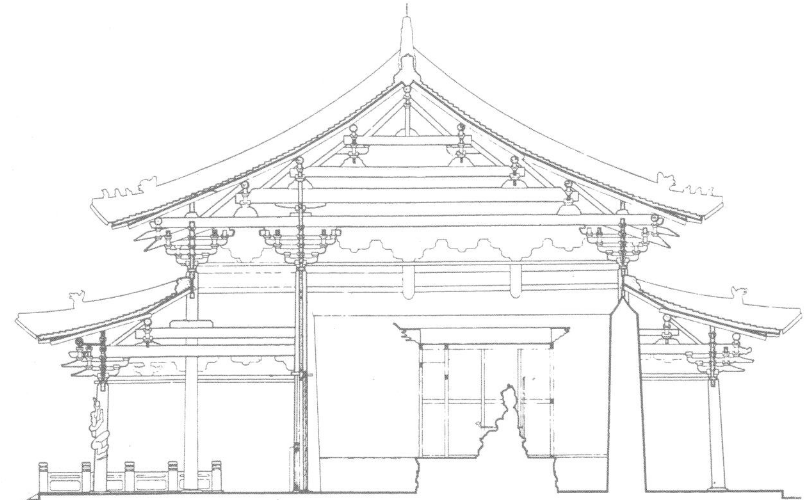

图3-9 圣母殿横剖面图

殿内共有彩塑43尊，其中圣母像1尊，宦官像5尊，身穿男服的女官像4尊，侍女像33尊。除神龛内的2尊小像为明代补塑外，余皆宋代原作。

主像圣母究竟何许人也？历来众说纷纭，莫衷一是。自明末清初以考据成名的一代宗师阎若璩引碑据典，从宋人姜仲谦所撰《晋祠谢雨碑文》中的“惟圣母之发祥兮，肇晋室而开基。王有文之在手兮，其神灵之可知”推断出“圣母乃邑姜”的结论之后，关于圣母的身份似乎有了定论。持异议者虽不乏其人，但多数人俱认定圣母即邑姜。“邑姜为十乱（指西周的十位治乱贤臣，其中九男而一女，宋代学者朱熹认为一女即邑姜其人）之一，齐太公望（即姜子牙）女，唐叔虞之母。”圣母邑姜盘膝端坐于凤头椅中，衣蟒袍，戴凤冠，著霞帔，挂珠璎，雍容华贵，凝重端庄，面型圆润

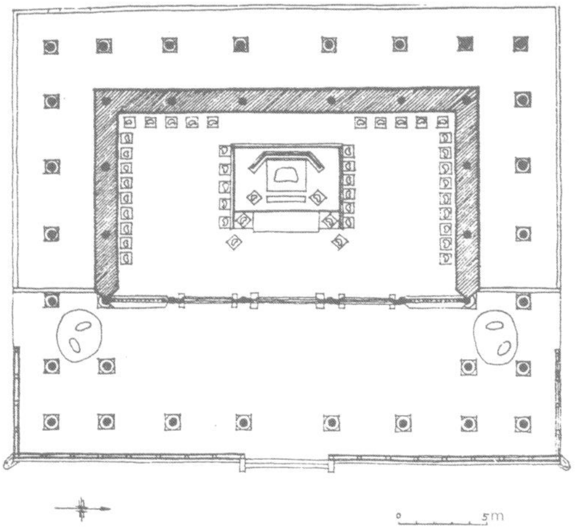

图3–10 圣母殿平面图

丰腴，外显安详而内蓄威严，是一尊贵族妇女的典型形象，在大殿中央高5.73米、宽6.53米、深4.93米的殿阁形神龛内，令人望而慑服，敬而重之。

令观者亲近且产生浓郁兴趣的是围绕主像环立四周的侍女们。这些侍女群像的排列形式突破了寺观塑像排列的固有规制，创造了真正的世俗生活场面，是宋代宫廷生活及其森严等级制度的真实写照。塑像制作者并没有程式化地将这些彩塑作品处理成为千人一面的偶像，而是赋予每一尊彩绘泥塑以鲜活的灵魂，使9个多世纪以前诞生的宋代姑娘们与现代人面对面地进行感情的交流和无声的对话。这些塑像口眼传神，造型生动，肢体比例适度，服饰美观大方，衣纹明快流畅。年龄或长或幼；或垂目凝神若有所思，或眉飞色舞似有所喜；或练达世故，或天真无邪；或幽怨哀婉，或文静贤淑；或丰满，或瘦削，或圆润，或清秀，或妩媚，或呆滞，或高傲，或谦卑，或外露，或含蓄。一个个性格鲜明，表情自然，加之与真人等大，平均高度在1.6米左右，更显得仪态万方，栩栩如生。这些塑像或侍奉圣母梳妆洒扫、饮宴起居，或献歌舞音乐、承文印翰墨，各有职司。侍女们神态各异，颇具魅力。尤令人称妙者乃在传神于将动而未动之间：那肩搭炊巾的厨娘，仿佛刚受召唤，凝神倾听；手持绢巾呈递圣母的少女，正举步欲行；前身稍仰、朱唇微启的乐伎正在为圣母唱曲……这些侍女塑像使满殿增辉，生机盎然。最引人瞩目者是一尊含羞苦笑、眉目传情的舞女塑像，握绢的双手似在竭力压抑内心的哀伤，但见她低眉俯首，与整个身姿形成一条极美的流线。看圣母殿彩塑在整体布置与形象刻画上运用大量对比的手法更强化了她们的艺术感染力。如：圣母与侍女服装、头饰、表情的对比，幽居深宫多年的半老徐娘与初选入宫的青春少女体型的对比，小有权势的宫女与粗使杂役者的对比，等等。由于圣母殿塑像的造型和布置模拟了宋代的宫廷生活，故其衣冠、服饰、发型有着相当重要的参考价值，为我们研究宋代宫廷制度和舆服制度提供了极为珍贵的形象资料。

四、海内独有　举世无双

晋祠主体建筑圣母殿前有鱼沼飞梁。鱼沼为晋水三泉之一。《晋祠志》卷四记载："鱼沼，在圣母殿前，俗呼'鱼池'，深一丈有奇，水深五六尺，南北七十尺，东西七丈五尺，甃石为之，上架飞梁，周绕以槛。东西两隅设水口各一，水出北口入八角池，水出南口入玉带河。殿前楹螭张牙舞爪，倒映沼中，宛如活龙，随波踊跃。其水出自殿底，仄出、正出不一。"沼上架十字形板桥，至少北魏时即已问世，郦道元《水经注》有"结飞梁于水上，左右杂树交荫，希见曦景"之记载。《晋祠志》卷四记载："飞梁俗呼板桥，又称神桥，跨鱼沼上，作十字形，通圣母殿陟降之路。东西延袤七丈五尺，广二丈；南北延袤七丈，广十有五尺，其形如翼。自东西视之，直而平坦；自南北视之，中央轩而两旁轾。砥柱竖沼中，驾空者，松榱柏栋，上甃砖石，边绕短槛。梁上观之，宛若四沼。道光三十年（1850年）岁次庚戌重修。"1955年照原样翻

图4-1 鱼沼飞梁

鱼沼飞梁在圣母殿前。这是形制奇特、造型优美的十字形桥。虽在古籍中早有记载，古画中偶有所见，但是现存实物海内仅此一例，对于研究中国古代桥梁建筑极有价值。

修，其建筑结构具宋代特色。沼内立小八角石柱共34根，柱径0.4米，柱础覆盆式，雕宝妆莲瓣。柱首微有卷杀，犹如殿堂之柱。柱首以普拍枋交结，构成一体，普拍枋出头处镌刻海棠瓣纹样。中心柱上设置大斗，斗上施十字栱，以承梁额，通达沼岸。沼西岸与圣母殿基座交错垒砌，可见是与大殿同期所建，当系宋仁宗天圣年间（1023—1032年）遗物。梁枋上密铺半圆形松木，上垫灰土，以方砖铺筑桥面。梁枋外侧钉有镌刻水波图案之挡板，以防风雨侵袭。桥面东西高且平阔，系连接圣母殿与献殿的主道，长15.04米，宽5.08米，距地平高约2米，隆起如鸟之身躯；南北长16.6米，宽3.3米，下斜如翼，两端与地面相衔接，为左右之通道，犹如大鸟的双翅。整个桥身造型似大鸟

图4-2 鱼沼飞梁沼内石柱

鱼沼飞梁的沼内立小八角石柱34根，柱础覆盆式，雕宝妆莲瓣，尚存北魏遗风。柱首微有卷杀，柱头以普拍枋交结，中心柱上设置大斗，斗上施十字相交栱以承梁额，通达沼岸。

图4-3 鱼沼飞梁正面
鱼沼飞梁桥面周施勾栏、望柱，供游人依凭。正面望柱北镌“鱼沼”二字，南镌“飞梁”二字，桥头两端各置宋代石狮一尊。桥东月台上置铁狮一对，为宋代铸造，乃珍贵文物。

展翅，故曰“飞梁”。桥面周施勾栏、望柱，供游人依凭。正面望柱北镌“鱼沼”二字，南刻“飞梁”二字，桥头两端各有一躯宋代石狮，桥东月台上置铁狮一对，神态勇猛，造型生动，精美逼真，高1.58米，围1.16米，铸造于宋徽宗政和八年（1118年），胸前铭文尚存，当系珍贵文物。类似鱼沼飞梁这种形制奇特、造型优美的十字形桥式虽然在古籍中早有记载，在古画中偶有所见，但现存实物国内仅此一例，确乎是海内独有，举世无双，对于研究中国古代桥梁建筑极有价值。

五、金代献殿 弥足珍贵

献殿在晋祠中轴线中部，东接对越坊，西连鱼沼飞梁，是祭祀圣母、供献祭品的殿堂。《晋祠志》卷三记载："献殿，金大定八年建，明万历二十二年重修，国朝（清朝）道光二十四年补葺"；"殿三楹，四面玲珑，中极宏敞，扉启东西。东扉左右仰蹲铁狮二，状若守门，凡祀圣母牲馐均献于斯。飞梁架于西，对越坊峙于东，左侧钟楼，右侧鼓楼。雕梁绮栋，影钩连云，楣镂槛形，互接栾栌……宫厥不啻也"。又说："尊神之前无献殿，则诚敬无以昭。惟其有之，斯足壮观瞻、伸严肃焉。"殿有楹联云："圣德著千秋，维其嘉而维其时，精神不隔；母仪昭万世，于以盛而于以奠，灵爽堪通。"联文进一步诠释了献殿的实际功能及文化意义。1955年对献殿进行了落架翻修，仍保持金代始建时之形制。献殿面阔三间，进深二间四椽，平面布局为长方形。殿顶举折平缓，歇山式，琉璃雕花脊饰。殿内梁架外露，为彻上露明造。檐下斗栱疏朗，五铺作单抄单下昂，出檐深远，整体结构轻巧稳固。殿身四周无壁，在宽厚的槛墙上设栅栏围护，当心间前、后辟门供穿行，很像凉亭。殿顶琉璃为明世宗嘉靖二十八年（1549年）山西文水县马东都匠师张稳等人制作，年款、姓名

图5-1 献殿/对面页上图

献殿在祠内中轴线中部，构建于金代，是祭祀圣母供献祭品之殿堂。面阔三间，进深二间，单檐歇山顶，施琉璃雕花脊饰。

图5-2 献殿匾额/对面页下图

题额楷书，"献殿"二字，结体工整，笔力雄健浑厚。

獻殿

獻殿

图5-3 献殿梁架与斗栱

献殿梁架只是在简单的四椽栿上设置一层平梁，转角处施大角梁和仔角梁。檐下斗栱疏朗，五铺作单抄单下昂，出檐深远，整体结构庄重稳固。

图5-4 献殿翼角/对面页

献殿翼角翚飞，古朴凝重。其斗栱既有隋唐的坚实厚重，亦具明清的俏丽纤巧，与宋代建筑同期，是中国木构建筑由隋唐迄明清结构部件产生较大变化中的一个重要过渡和环节。

留题其上，更增强了时代感。殿内敞朗，四隅分别保存石碑一通，其中东北隅为明神宗万历年间（1573—1620年）重修献殿碑记，另三通为明太祖朱元璋、代宗朱祁钰、宪宗朱见深三位皇帝为祈祷圣母御制的诰文或者祝文。中国的陵寝、祠庙建筑设祭亭、 享亭、献亭、享堂、享殿、献殿等祭祀性建筑物者虽然屡见不鲜，但是大多数属于明、清两代所建，金代木结构献殿则只有晋祠所独有，故弥足珍贵。

六、千年铁铸 一夕遁逃

图6-1 金人台
金人台在祠内中轴线中部，古称“莲花台”。台平面呈方形，高约1米，周筑花栏墙围护。台上四隅各置铁人一尊，铁为五金之属，故铁人亦称“金人”，台亦因之以“金人”为名。

图6-2 金人台琉璃阁/对面页
金人台琉璃阁高约4米，下部施砖台，台上施琉璃勾栏、望柱、栏板，阁身四面各施廊柱4根。柱内为单间小阁，单檐歇山顶。阁小巧玲珑，秀丽雅致，精巧美观，为明代作品。

晋祠中轴线中部有金人台，东接会仙桥，西连对越坊及献殿，古称莲花台。台平面呈方形，高1米，周筑砖花栏墙围护。台中心有小型歇山顶琉璃阁一座，高约4米，下部施砖构台基，周雕龟背花纹图案，上部施琉璃勾栏、望柱及栏板，阁身四面设廊柱，每面各四根。柱内为单间小阁，四壁施琉璃隔扇。砖台基以上皆以红、绿、黄三彩琉璃制作，造型小巧玲珑，秀丽雅致，精巧美观，是明代琉璃的优秀作品。台上四隅各置铁人一尊，铁为五金之属，故铁人亦称金人，台因以为名。《晋祠志》卷九记载：“莲花台上四隅有铁人四，本祠中镇水金神。宋绍圣年间（1094—1098年）铸者二，政和年间（1111—1118年）铸者一，其一则明弘治年间（1488—1505年）补铸，各高五尺有奇，身均题字，多寡不一，而笔画残缺，金色显、晦亦不同，款多识少，字悉楷书，而佳者寥寥……谨案：铁本黑金，熔铁铸人，名曰金神。祠为晋水源发之区，镇

以金神，亦谓金能生水，有金则水愈旺矣。”铁人的正式名称为“铁太尉”，其一曰“灵应侯”，二曰“福祐侯”，三曰“忠正侯”，四曰“顺祐侯”。四隅铁人高逾2米，每尊重250公斤，较真人略大，身穿甲胄，孔武有力，威风凛然，各具神采，均为珍贵文物。其中以西南隅铁人为最佳，姿态威武雄壮，铁质晶莹不锈，“光亮耀目，右足迈半步立，足面有斧凿痕。俗传夜半欲行，才举半步，庙祝见而叱止之，遂凿其足”。据民间流传“四铁人皆宋代熔铸，其立东北隅者不知何日出亡，抵黄河登舟，谓舟子：‘能载与否？’舟子曰：‘子非铁汉，胡莫能载？’言毕遂成本形，没于黄河，迨弘治间始行补铸以足其数”。（见《晋祠志》卷四十二）这一传说虽近乎荒诞，但情节生动感人，给观瞻者平添诸多趣味，因而传之不辍。

图6-3 金人台铁人
这尊铁人铸于宋绍圣年间，正名“铁太尉”，乃四尊铁人中之最佳者，姿态威武雄壮，铁质晶莹不锈，右足向前迈出半步，似欲行者。足面有斧凿痕，相传系庙祝阻止其遁逃时所凿。

七、一代明君留墨宝

在晋祠中轴线北侧有贞观宝翰亭，内存《晋祠之铭并序》碑，系唐太宗李世民于贞观二十年（646年）撰文并书写。《晋祠志》卷三记载："贞观宝翰亭，一名唐碑亭，在唐叔虞祠东南隅。初仅一楹，西向，唐太宗贞观二十一年轫建，历代屡修。国朝乾隆三十五年邑宰周宽奉檄修祠，改建斯亭为三楹，移基南向，高与叔虞祠齐。前甃明堂极爽垲，中竖唐太宗御书《晋祠铭序》亲书碑。其次峙里贡生杨者亭墒摹钩唐铭碑。北壁有德研香太守所书朱竹坨集杜句为此亭楹联，大字石刻，并沈先生巍皆圣母辨碣。东壁有周郡守令树重建斯亭碑记。"《晋祠之铭并序》碑通高3.9米，其中碑首高1.28米，碑身高1.95米，碑座高0.67米，宽1.2米，厚0.27米，以石灰岩雕造，方座螭首，额书飞白体"贞观廿年正月廿六日"九字。全碑计有序文21.5行，每行40—50字不等，共1003字；铭文4.5行，200字；全文总计1203字。碑文辞藻华丽，气势雄浑，歌颂了宗周政治及唐叔虞的建国方略，赞美唐叔虞"承文继武"、"经仁纬义"，称颂了晋祠建筑的精巧和自然风光的秀丽，揭露了隋炀帝杨广的昏庸残暴，颂扬了李唐王朝的文治武功，提出了"兴邦建国"、"以政为德"等治国思想。碑文字体为行书，深得王羲之之神韵，飞逸洒脱，骨骼雄奇，遒劲挺拔，是中国现存最早的一通行书碑，具有重要的历史和艺术价值。亭内还有清代名儒朱彝尊辑唐代诗人杜甫诗句为联之碑刻："文章千古事，社稷一戎衣。"言简意赅，概括了碑文以武力夺取天下、用文教巩固政权的中心思想。《晋祠之铭并序》碑历

图7-1 唐碑亭

唐碑亭亦称“贞观宝翰亭”，因存放唐太宗李世民撰、书《晋祠之铭并序》碑得名，在祠内北中部。亭内唐碑系国内现存最早的一通行书碑，具有重要的历史与艺术价值。

经千余年，下部字迹因风蚀而漫漶，清代邑人杨亭埼于高宗乾隆三十七年（1772年）照原拓本摹钩重刻，今存亭内西侧，供游人对照阅读鉴赏。亭内北壁悬挂唐高祖李渊、太宗李世民父子传容像各一帧，系根据故宫南薰殿影印本翻印。

八、偏居一隅叔虞祠

唐叔虞祠在晋祠中轴线北侧，坐北向南，左右分别与静怡园及关帝庙为邻，祠前建八角形莲池。因祠内供奉周武王次子、周成王胞弟、春秋晋开国诸侯唐叔虞，故以“唐叔虞祠”为名。唐叔虞祠本来是晋祠的主体建筑，其故址当在今圣母殿所处之位置，北魏郦道元《水经注》所称“沼西际山枕水，有唐叔虞祠”可作佐证，且其时晋祠以“唐叔虞祠”为名。到了宋仁宗天圣年间（1023—1032年），以圣母殿、鱼沼飞梁、献殿、金人台等建筑为主体的东西向中轴线次第形成，致使曾经煊赫一时的唐叔虞祠偏居一隅，因宾、主错位而渐受冷落，一度甚至不复存在。迄元世祖至元四年（1267年）始建汾东王庙，晋祠之内才为湮没多年的唐叔虞祠找到了可供容身的一方天地，这便是我们今天所见到的唐叔虞祠的雏形。此后经明世宗嘉靖年间（1522—1566年）及清康熙和乾隆年间的数度补葺、重修和扩建，才形成现状。《晋祠志》卷一记载，唐

图8-1 叔虞祠
叔虞祠在晋祠北隅，坐北向南，因奉祀周武王次子、成王胞弟、西周晋开国诸侯唐叔虞得名。祠院建于高台之上，为一进二院，布局严谨，山门、享殿、围廊、配殿、正殿具备。

图8-2 叔虞祠山门

叔虞祠山门面阔三间，单檐悬山顶，施板门六扇，前、后檐设廊，门下石阶凡二十余级，巍然屹立于高台之上。

图8-3 叔虞祠享殿/后页

享殿是供献祭品的殿堂，在叔虞祠院内中部，将祠宇分隔为南、北两部分，面阔三间，单檐歇山顶，前后檐明间均施隔扇门，两次间筑墙，南、北可以穿行。

图8-4 叔虞祠正殿
叔虞祠正殿面阔五间，进深四间，重檐歇山顶，前檐施廊，局部仍保留元代建筑结构手法。殿内神龛供唐叔虞像，两侧有辅国大臣塑像，各具情态，生动传神。

叔虞祠“历代虽屡修葺而规模湫隘，不足壮观瞻。乾隆戊子岁始更故殿址为享殿，而拓正殿于其北，凡九丈。负山之麓，增高丈余。建东西荣各三属，以长廊绕以周垣。门阙巍然，门外石磴高二十余级。正殿前左右辟小门各一，东通昊天神祠（关帝庙），西通静怡园”。今唐叔虞祠前部建山门三楹，门外台阶高耸，门内建有享殿，将祠宇分隔成为前、后一进两院。前院围廊环绕，花木幽深；后院左右各建配殿三间，正北为叔虞殿。叔虞殿面阔五间，进深四间，重檐歇山顶，前檐插廊，局部仍保留元代建筑结构与手法。殿内神龛中奉祀唐叔虞像，面容丰润，修目美髯，身着蟒袍，手捧玉圭，神态温良敦厚，文质彬彬，俨然帝王之相。两侧有辅国大臣塑像，亦皆各具情态，生动传神。正殿内有侍女像12尊，分列左右，是从别处移置于此，高度于真人相近，身躯比例匀称，面部眉眼传情，姿态优雅自然，手持长笛、琵琶、三弦、鼓、钹等乐器，组成了一个较为完整的管、弦、打击乐队，系明代作品，是研究中国器乐发展及音乐史的不可多得的珍贵资料。

图8-5 叔虞像

叔虞祠正殿神龛内塑唐叔虞像，神态温良敦厚，文质彬彬，面容丰润，美髯修目，身着蟒袍，手捧玉圭，具帝王气质。

图8-6 叔虞祠正殿弦乐伎/上图

叔虞祠正殿内有乐伎彩塑12尊，分列左右两侧，系自别处移置于此，高度与真人相近，比例匀称，眉目传情，姿态优美。右侧乐伎手持琵琶、三弦等弦乐器具，似正在弹奏乐曲。

图8-7 叔虞祠正殿打击乐伎/下图

叔虞祠正殿左侧乐伎手持鼓、钹等打击乐器，与右侧弦乐伎组成了一个完整的乐队，同系明代作品，是研究中国器乐发展及音乐史的不可多得的珍贵资料。

九、晋祠流水如碧玉

晋祠之胜，全赖晋水。晋水之源，有“难老”、“善利”、“鱼沼”三泉。除鱼沼之上建飞梁外，难老、善利二泉源上分别建亭，其始创时间据现存资料稽考至少可以追溯到北齐文宣帝天保年间（550—559年），今存者为明世宗嘉靖年间（1522—1566年）遗构。两座泉亭结构相同，亭檐不高，均为八角攒尖顶，亭顶隆起，外观近似古塔，造型之特殊在中国现存亭式建筑中极为少见。难老泉亭内高悬明末清初著名学者傅山所书“难老”二字竖额一幅，字体俊秀，笔力遒劲。晋水主源难老泉自亭下石洞中滚滚流出，不舍昼夜。泉取《诗经·鲁颂》里“永锡难老”句子中的末二字为名，喻泉水川流不息，奕世长清，永续利用。

图9-1 难老泉亭
难老泉亭始建于北齐，今存者为明代遗构。亭檐不高，八角攒尖顶。泉水取《诗经·鲁颂》中“永锡难老”句为名。

图9-2 难老泉亭内部梁架/对面页
难老泉亭高7米，形圆顶锐，宛如瓮盖，周空而中虚，凡六楹，泉口设木槛。亭内于柱头枋上设置斗栱，斗栱之上梁、枋、椽交互叠置，逐层内收，向上隆起，构架严密规整。

晋陽第一泉

难老泉水晶莹透亮，碧波如玉，长生萍四季青绿，泉水保持恒温17℃。唐代大诗人李白有"晋祠流水如碧玉"、"微波龙鳞莎草绿"诗句赞美之，历代文人如白居易、范仲淹、欧阳修、元好问等亦皆留有题咏。

善利泉亭与难老泉亭南北对峙，为圣母殿左右翼。老子曰："上善若水，水善利万物而不争。""善利"之名取义于此。亭有楹联，为邑人刘大鹏撰、书："水自地中生，善始善终，大善浩浩流千古；泉从山下出，利人利物，万利溶溶济一方。" 楹联对仗工整。切题切意，寓意深刻。

图9-3 善利泉亭

善利泉亭与难老泉亭隔圣母殿南北对峙，共为圣母殿左右翼，与难老泉亭形制相同。老子曰："上善若水，水善利万物而不争。""善利"之名取义于此。

图9-4 难老泉石龙首

难老泉水自亭井内泉源处涌出，经暗渠达石龙首，再自龙口中喷吐泻入石塘中，石龙首下有汉白玉持钵僧，持钵接水，景象颇有禅意。

难老泉亭之东有水一潭，面积百余平方米，系难老泉水汇聚而成，名曰“石塘”，又名“清潭”、“金沙滩”，乃难老泉水自地下涌出后首次经临之地。宋仁宗嘉祐年间（1056—1063年）“县尉陈知白甃石为塘，中横石堰，凿十孔，每孔方圆一尺以分水。东连人字堰，西竖分水石塔。北七孔水穿出在人字堰北，为北渎，向东流。南三孔水穿出在人字堰南，为南渎，折而南流。中有长生萍，春夏浓青，至冬更翠，水莹如镜，澈底澄清。”（见《晋祠志》）这里景色绝佳，为晋祠内八景之一，名曰“清潭泻翠”。难老泉水自泉亭里涌出后经暗渠流至石龙首，再自龙嘴内喷吐倾泻于石塘中。石龙首南侧有石舫一座，周施汉白玉低栏，小巧玲珑，极为精致，名曰“不系舟”，建于1930年。匾额题款“不系舟”三字系冯玉祥将军当年以“晋溪渔夫”笔名所书，惜今已不存，由后人补写。舫名典出于《庄子·列御寇》之“巧者劳，智者忧，无能者无所求，蔬食而遨游，泛若不系之舟”。舟以此名，反映了道家玄妙逍遥不受约束之观念。

石塘分水石堰处有石塔一座，名曰“分水石塔”，俗称“张郎塔”，石雕而成，通高约2.5米，塔基没入水中，下为圆形束腰须弥座，周长3.2米，镌刻莲瓣三层，座上施八角形塔身，塔身之上为圆形塔檐，雕刻瓦垄、椽飞，极顶以二重宝珠收杀。

图9-5 难老泉“不系舟”石舫/对面页
难老泉亭东水塘中有石舫，周施汉白玉低栏。匾额“不系舟”三字系民国年间冯玉祥将军题书。舫名典出《庄子·列御寇》中“巧者劳，智者忧，无能者无所求，蔬食而遨游，泛若不系之舟”句。

图9-6 难老泉分水堰与张郎塔
"不系舟"石舫前的石塘中有三七分水堰，堰西有分水石塔，俗称"张郎塔"。相传古时难老泉分割泉水，有男名张郎，为父老在公堂所设沸油锅中捞得七枚铜钱，争得七眼泉水，村民因建塔祀之。

图9-7 洗耳洞/对面页
难老泉石塘北有单檐歇山顶之真趣亭，其下石洞名"洗耳洞"。古传尧为九州长，拟请高士许由出山从政，许由以此议污其耳，遂洗耳于颍水之滨。洞名典出于此，意谓高人韵士自当忘情山水而不预宦海浮沉。

水母楼在圣母殿南侧，坐西向东，背山面水，西依悬瓮山，东邻难老泉亭，系奉祀晋源水神的祠堂，又名"水晶宫"，俗称"梳妆楼"，建于明世宗嘉靖四十二年（1563年），清宣宗道光二十四年（1844年）重修。楼身二层三开间，两檐歇山顶，灰色筒板瓦覆盖，施雕花琉璃脊饰，是砖砌窑洞与楼阁建筑的有机组合，楼身上下四周环廊，底层施石砌台基，周筑石雕望柱、勾栏围护，结构严谨，形体秀丽，彩绘装饰皆系明代原作。楼身下层施石窑洞三窟，左洞竖碑，右洞设蹬，中洞有金妆水母像，绾发为髻，束发未竟，神态自然，朴实无华，若村妇模样，端坐于瓮形座上，高1.06米，周1.1米，铸造于明世宗嘉靖四十二年。上层神龛内亦有水母娘娘塑像，左右有侍女像各三尊，神龛两旁塑侍女像各一尊，衣带飘逸，如鱼之鳍，前为女形而背为鱼身，造型别致，姿态优美，人称"鱼美人"，亦明代遗物。

图9-8 水母楼

水母楼在圣母殿南侧,坐西向东，背山面水，系奉祀晋源水神的祠堂。楼身二层三开间，重檐歇山顶，筒板瓦覆盖，施琉璃脊饰，上下环廊，结构严谨，形体秀丽，乃明代遗构。

十、海外王氏 归宗于兹

晋祠中南部有晋溪书院，坐西向东，西端为王琼祠。王琼，字德华，号晋溪，太原市晋源人，明宪宗成化二十年（1484年）进士，授工部主事，后进郎中，历事成化、弘治、正德、嘉靖四帝，为人正直，居官清廉，政绩卓著，官至户、兵、吏三部尚书，因功连进“三孤”（少保、少傅、少师）、“三辅”（太子太保、太子太傅、太子太师），乃明季所罕见。王琼病逝，后人为纪念其政德、军功，遂于晋溪园西建造祠堂，即今王琼祠。清宣统二年（1910年）王琼十四世孙王惠、王宪重修祠堂，改为三楹，明间辟门，祠内中奉王琼像，座前左右列四总兵像。祠前两侧植雌雄异株之银杏树，与祠堂同龄，寿逾400载仍枝繁叶茂，青翠欲滴，充满生机。祠东即晋溪书院，二者隔雁南河相望，浑然一体，系由王琼别墅晋溪园改建。晋溪园建成于明世宗嘉靖五年（1526年），选址幽静，建筑适中，园内正厅溪翁堂曾为王氏祖堂，王琼病故后改建晋溪园为晋溪书院。随着时间的推移，书院已失却原貌。20世纪八九十年代应海外太原王氏寻根谒祖之要求，经反复考证，查明书院溪翁堂即王氏祖堂。由“海外太原王氏联谊后援会”负责承办的修复晋溪书院工程已于1992年10月15日告竣，原貌得以恢复，为海外太原王氏后裔

图10-1 晋溪书院垂花门/对面页

晋溪书院在祠内中南部,系由明户、兵、吏三部尚书王琼别墅晋溪园改建，选址幽静，建筑适中，今已成为海外太原王氏后裔寻根谒祖之最佳场所。院门为单檐悬山顶垂花门形制。

晋溪書院

图10-2 “晋溪书院”石匾

“晋溪书院”石匾镶嵌在书院内垂花门北侧的砖墙上。匾额题字为楷书，具魏碑遗风。

图10-3 太原堂/对面页上图

书院中部的过厅原为讲堂，今已改作“太原堂”，面阔三间，单檐悬山顶，明、次三间俱施隔扇门。

图10-4 子乔祠/对面页下图

书院后部三间正厅溪翁堂今已改作奉祀太原王氏开族立姓之始祖的周灵王太子晋王子乔祠堂。将子乔奉祀于此，地最相宜，俨然王氏家庙，是名副其实的太原王氏谒祖圣地。

太原堂

子乔祠

回乡寻根谒祖、参观旅游及进行商贸经济活动提供了良好的场所。书院占地2100平方米，建筑面积900平方米，正门保留“晋溪书院”原额，外院为炊事、事务等用房。原作为讲堂的三间过厅今已改作太原王氏接待室，两侧各五间厢房陈列太原王氏之各种资料。作为王氏祖堂的三间正厅溪翁堂内新塑了太原王氏开族立姓之始祖周灵王太子晋王子乔像，两侧耳厅今祀王氏列祖灵位。厅后辟门，与王琼祠相通，院北有圣母殿，内祀周武王妻唐叔虞母邑姜。将周武王二十二世孙太子晋王子乔奉祀于此，地最相宜，俨然王氏家庙，确是名实相符之太原王氏谒祖圣地，海外王氏来此祭拜者一年四季络绎不绝。

十一、初唐元勋　舍宅奉佛

图11-1 景清门/前页
景清门系1980年自祠内北部东侧迁建于奉圣寺山门遗址上。大门面阔五间,进深四椽,设中柱一列,有板门三道,为元代遗构,系元建门庑形制之典范。

晋祠中轴线南侧有奉圣寺,全称"十方奉圣禅寺",又名"释迦厂",与晋祠互为表里,依山傍水,风景秀丽,今已与晋祠风景、文物区融为一体。寺原为初唐开国元勋尉迟敬德别墅,别墅主人因一生攻城略地、杀生过多而致晚年"谢宾客不与通",高祖武德五年(622年)鄂国公尉迟恭捐别墅建寺,"斯寺之名系唐高祖所赐,故名'奉圣寺'"(见《晋祠志》)。寺宇虽屡经兴废,但初唐所建大殿仍保留始创时之形制。令人痛惜的是20世纪50年代初却被一些无知之人拆毁他用,80年代初始予重建。

寺院山门遗址上矗立景清门,系1980年自祠北东侧迁建于此,门名取自窦庠《太原送穆质南游》诗:"今朝天景清,秋入晋阳城"句。大门亦称"惠远门",面阔五间,进深四椽,设中柱一列,有板门三道,总体形制与山西芮城县永乐宫龙虎殿近似,同属元代所建门

图11-2 奉圣寺中殿
奉圣寺中殿原为汾阳市二郎庙过殿,1982年迁建今址。前后檐明间施隔扇门,殿内梁架简朴,原始材料剥皮后即予使用,仍保留元代形制。

庑形制的典范,为元世祖至元四年（1267年）遗物。中殿原为山西汾阳二郎庙过殿，1982年迁建于此，单檐悬山顶，殿身三开间，前檐设廊，明间前、后施隔扇门，可供穿行，廊柱柱头斗栱四铺作单下昂，栌斗口内施小栱头，明间补间真昂与斜昂并用，殿内梁架简朴，原始材料剥皮后即予使用，保留着元代建筑形制与特色。在被毁的初唐所建正殿遗址上建太原马庄芳林寺大殿，系1980年迁建于此，面阔五间，单檐歇山顶，灰色筒板瓦覆盖，施雕花琉璃脊饰，绿琉璃瓦剪边，明、次三间辟门，两梢间施直棂窗，造型精致，其殿顶琉璃为太原地区琉璃制品之代表作。寺内建筑虽非原建而多是从别处迁建于此，但布局仍保留原有形制，完整、严谨而紧凑。

图11-3 奉圣寺正殿

奉圣寺正殿原为太原市马庄芳林寺大殿，1980年迁建今址。前檐明次三间辟门，殿顶琉璃为太原地区琉璃制品之代表作。

图11-4 奉圣寺碑廊
奉圣寺两侧长廊陈列唐武周圣历年间镌刻之《华严经》石碣64方，系武则天请于阗高僧实叉难陀翻译，凡80卷，由武则天本人作序，宋之问经办，吕仙桥等书丹，乃珍贵文物。

寺内两侧长廊陈列唐武周圣历二年（699年）镌刻之《大方广佛华严经》石碣64方（原为126方），系武则天请于阗高僧实叉难陀所译经卷，共八十卷。石刻佛经由武则天本人亲自作序，诗人宋之问具体经办，著名书法家吕仙桥等书丹，原藏太原西山的太山脚下风峪沟之风洞内，今陈列于奉圣寺，是国内罕见的珍贵文物。

十二、舍利生生塔　巍峨证古今

奉圣寺北有浮屠院。《晋祠志》卷三记载:“浮屠院，乾隆十三年建，在奉圣寺北，背坎向离。正面为禅房，中央峙舍利生生塔。前门三：中曰‘玉带’，左曰‘拥翠’，右曰‘环青’。东南垣辟绮窗，西南隅设月门，西通柏月山房。统计南北长二十丈有奇，东西广十丈有奇。院东南有暗溪一泓，自北而南经奉圣寺后流出寺南，灌溉田畴，其水发源于祠内鱼沼。”

浮屠院即“塔院”，舍利生生塔坐落在院中央，坐北朝南，建于隋文帝开皇年间（581－600年），宋代重修，清高宗乾隆十三年（1748年）重建。相传善修和尚重建此塔开挖地基时于离地丈许处得石匣和石碣各一个，石匣内藏金瓶和银瓶各一只，瓶内装舍利子千百粒，光彩夺目。杨廷璇所撰《晋祠奉圣寺造舍利生生浮屠》疏文称，乾隆年间重建塔时“启旧基仅丈余，得石匣一，内贮银函，更内得金瓶。瓶中外宝粒五色俱备，大者如豆，小者如黍，俱灼灼有光，上盖石碣。拭辨之，始知舍利。考《高僧传》，隋开皇间敕晋阳仅一粒也。碣载宋宝元三年（1040年）重建，亦未云舍利有加。迄今数百年后，乃得争先快睹于湮没荒废之余，且至千百余粒，非舍利有灵，曷克生生不竭若是？”隋置舍利一粒而迄清则变为千百余粒，可谓生生不息，故名“舍

图12-1 舍利生生塔/对面页

舍利塔在浮屠院中央，坐北朝南，始建于隋，宋代重修，清初重建，砖砌八角七级，通高38米，塔身平直，收杀甚小，轮廓秀美，乃清塔佳品。“宝塔披霞”为晋祠外八景之一。

利生生塔”。塔为砖构八角七级，塔身平直，收杀甚小，轮廓秀美，通高约38米。底层每边长4米，周长32米，南向辟拱形门，脊上有行龙、牡丹等琉璃饰物。塔身中空，内设梯道，可逐层盘旋登顶。底层门洞内供菩萨像，自第二层以上每层东、西、南、北四面均有券形门洞供采光，其余四侧面施假门洞，每层外壁均置砖雕塔檐，檐下有砖雕斗栱和椽飞，上覆蓝色琉璃瓦，外檐绕以短栏，塔顶置巨大的琉璃宝珠塔刹。《晋祠志》卷二记载:“舍利生生塔耸峙奉圣寺北、浮屠院中央，高可百余尺，凡七级，每级中妥神像，均南向。周绕短栏，内设磴道，旋转而登极巅。偏北生茶树一株，荣时登临，香味扑鼻，特莫能采。凭栏远眴(‘眴’与‘句’字同音。《说文》曰：‘左右视也。’)，晋阳山川全寓目焉。轫建于隋，重建于宋，国朝乾隆十三年又重建。第一级辟门一，南向，颜曰‘形明动化门’。外设磴道十余级，中妥菩萨像，坐般若台。北壁有里人杨廷璇题‘舍利生生塔’大字石刻。第二级由第一级向东北踏二十八磴以跻，中妥佛像，金臂珠腋，坐莲花台。辟四门，东曰‘迓迎生气’，北曰‘宝地映彩’，西曰‘平对灵山’，南曰‘慧日腾光’。第三级由第二级向西北踏二十六磴以跻，中妥四手神像，坐于峰台。门辟四面，北门颜曰‘隐迹舒光’，西门颜曰‘福地重隆’，南门颜曰‘人天瞻仰’，东门颜曰‘法幢高树’。第四级由第三级向西南踏二十五磴以跻，中奉六手菩萨，居狮座。辟四门，西曰‘檀特支轩’，南曰‘超越三有’，东曰‘熙连峣砌’，北曰‘等视一切’。第五级由第四级向东南踏二十四磴以跻，中塑菩萨像。门辟四，南曰‘佛慈广布’，东曰‘皇图巩固’，北曰‘法轮常转’，西曰‘帝道遐昌’。第六级由第五级向东北踏二十三磴以跻，中奉文昌帝君神像。门四，东曰‘崇桂籍’，南曰‘振云路’，西曰‘耸文峰’，北曰‘焕桐封’。第七级由第六级向北西踏二十二磴以跻，中妥魁星神像，一足踏神座，一足盘空曲，一手执笔，一手提斗，青蓝貌，红颜发，口开牙露，洋洋乎其可敬也。门亦四，东曰‘观澜’，西曰‘望翠’，南曰‘指南’，北曰‘射斗’。《邑志》：‘奉圣寺舍利生生塔在晋祠。隋开皇年轫建，宋宝元三年重建，乾隆十三年邑人杨廷璇倡议重建。慎郡王作文纪之，杨二酉有记’。”舍利生生塔造型刚劲，体形壮丽，雕饰巧妙细腻，乃中国清代砖塔之佳品。“宝塔披霞”为晋祠外八景之一。

舍利生生塔虽然在清高宗乾隆年间重建之后脱胎换骨，被打上了清代建筑的印记，但仍旧保留着隋文帝开皇年间问世时的品格，何况塔下地宫内所埋藏的舍利子乃隋文帝敕赐晋阳之原物！自它问世后的千百年来以佛家所独有的“超出三界外，不在五行中”的宽容、飘逸和潇洒远离热闹的中轴线，偏处晋祠南端，冷眼旁观着人间时序的更替和晋祠兴衰的变易，确乎是浓缩了中华民族文明史和三晋文化发展史的晋祠庙宇群的最佳见证。佛教的基本教理和经典理论之一是所谓“缘起论”，即“诸法由因缘而起”。作为最具灵性色彩的以“舍利生生塔”为名的佛教建筑，它当然知道晋祠之建的两大因缘，一是所谓“血缘”，二是所谓“地缘”。晋祠既然是祭祀西周初期因“翦桐”而致“封弟”的第一代诸侯姬叔虞的祠堂，且累世葺扩而香火不绝，逐渐演变成为以太原为郡望的姬姓王氏子孙们的“家庙”，并进而成为以唐（桐）——即太原——为根据地成就大事业的封建统治者的精神依凭和心灵圣地，那么晋祠之建的血统因缘便是显而易见的。“翦桐（唐）封弟”即周成王翦灭唐（桐）这个小国而将其封赐胞弟叔虞，而非太史公司马迁在他的《史记》中望文生义地解释为剪桐树叶为圭而戏封其弟，故叔虞祠亦即晋国创始人唐叔虞的祠堂理当建在唐（桐）这块土地上，晋祠之建的地域因缘亦是显而易见的。晋祠之建的血缘与地缘关系，是晋祠文化的基础。诚如彭海先生在其大作《晋祠文物透视》一书中所言：“传统农业社会的基本社会结构是以血缘关系为纽带的宗族和家庭。同时由于农业社会的血缘关系从一开始就带有地缘关系的性质，因而远在历史的早期就形成了影响深远的宗法观念。就是说以血缘—地缘关系为基础的宗法传统的强大力量和长期延续，在很大程度上影响和决定了晋祠文化的基本特色。充分理解和认识到这一点，就可以明了为什么晋祠——唐叔虞祠久经历史的‘选择’而牌位不倒；圣母为何被最终消融在‘子母’关系的孝亲观念之中；为什么儒家文化统治晋祠宗教成为其文化的一大特色；为什么晋祠的山水人格化最终以叔虞、圣母的面貌出现以及晋祠唐、五代以降浓烈的乡土崇拜的长期延续，《晋祠铭》碑和《新修晋祠碑铭并序》碑的不同遭遇等等看似复杂费解、实则简单明了的问题的深刻历史原因。”

大事年表

朝代	年号	公元纪年	大事记
西周		前11世纪	周成王封其弟叔虞于唐。叔虞传位于其子燮，改国号为“晋”
北魏			郦道元《水经注》中有唐叔虞祠及鱼沼飞梁之记载
北齐	天保年间	550—559年	文宣帝高洋在晋祠大起楼观，穿筑池塘，建难老泉亭、善利泉亭等建筑
	天统五年	569年	后主高纬降诏改晋祠为“大崇皇祠”
隋	开皇年间	581—600年	创建舍利生生塔，文帝杨坚敕赐晋阳舍利一粒藏塔下
唐	武德五年	622年	鄂国公尉迟恭舍宅建十方奉圣禅寺
	贞观二十年	646年	太宗李世民幸晋祠，御制、撰、书《晋祠之铭并序》碑
	贞观二十一年	647年	创建贞观宝翰亭
	圣历二年	699年	镌刻石质《华严经》
	开元二十三年	735年	李白游晋祠并赋诗
五代后晋	天福六年	941年	敕封叔虞为“兴安王”
宋	天圣年间	1023—1032年	重修晋祠并建圣母殿
	宝元三年	1040年	重建舍利生生塔
	嘉祐年间	1056—1063年	于难老泉出水口建石塘、石堰，分晋渠为南渎、北渎
	元祐二年	1087年	圣母殿前廊柱装饰木质蟠龙
	绍圣年间	1094—1098年	铸造金人台之铁太尉2尊
	建中靖国元年	1101年	地震造成晋祠损毁
	崇宁元年	1102年	重修圣母殿等建筑
	政和年间	1111—1118年	铸造金人台上铁人1尊及鱼沼飞梁桥头铁狮一对
	宣和五年	1123年	姜仲谦撰《晋祠谢雨文》碣铭
金	大定八年	1168年	创建献殿
元	乃马真后元年	1242年	元好问撰《惠远祠新建外门记》碑铭

朝代	年号	公元纪年	大事记
元	至元四年	1267年	建汾东王庙（即今唐叔虞祠）及景清门，弋彀撰《重修汾东王庙记》碑铭
明	洪武二年	1369年	御制《加封广惠显灵昭济圣母诰文》
	天顺五年	1461年	山西巡抚茂彪修葺晋祠，撰《重修晋祠庙碑记》碑铭
	弘治年间	1488—1505年	补铸金人台铁人1尊
	嘉靖年间	1527—1566年	创建晋溪园（晋溪书院）、王琼祠及水母楼，重修难老泉亭、善利泉亭与叔虞祠，更换圣母殿和献殿殿顶琉璃
	万历年间	1573—1620年	重修献殿、对越坊及奉圣寺等
清	康熙年间	1662—1722年	重修唐叔虞祠
	乾隆年间	1736—1795年	改建贞观宝翰亭，摹刻《晋祠之铭并序》碑，扩建唐叔虞祠，重建舍利生生塔，造水母像，杨廷璇撰书圣母殿楹联
中华民国		1930年	建“不系舟”石舫，冯玉祥为之题额
中华人民共和国		1955年	原样翻修鱼沼飞梁，落架大修献殿
		1980年	迁景清门于奉圣寺山门今址，迁太原马庄芳林寺大殿于奉圣寺正殿遗址
		1982年	迁汾阳二郎庙过殿于奉圣寺中殿遗址
		1992年	修复晋溪书院

“中国精致建筑100”总编辑出版委员会

图书在版编目（CIP）数据

晋祠／王宝库等撰文／摄影. —北京：中国建筑工业出版社，2013.10
（中国精致建筑100）
ISBN 978-7-112-15909-3

Ⅰ.①晋… Ⅱ.①王… Ⅲ.①晋祠-建筑艺术-山西省-图集 Ⅳ.①TU-092.2

中国版本图书馆CIP 数据核字（2013）第229115号

责任编辑：董苏华 张惠珍 孙立波
技术编辑：李建云 赵子宽
图片编辑：张振光
美术编辑：赵 清 康 羽
书籍设计：瀚清堂·赵 清 周伟伟 康 羽
责任校对：张慧丽 陈晶晶 关 健
图文统筹：廖晓明 孙 梅 骆毓华
责任印制：郭希增 臧红心
材料统筹：方承艺

中国精致建筑100

晋祠

王宝库 王 鹏 撰文/摄影

中国建筑工业出版社出版、发行（北京西郊百万庄）
各地新华书店、建筑书店经销
南京瀚清堂设计有限公司制版
北京顺诚彩色印刷有限公司印刷

开本：889×710 毫米 1/32 印张：3 插页：1 字数：125 千字
2015年11月第一版 2015年11月第一次印刷
定价：**48.00**元
ISBN 978-7-112-15909-3
（24339）